老北京的传统美食

李硕 编绘

应急管理出版社
· 北京 ·

“咕噜，咕噜……”

咦？什么声音？原来是阿咚的肚子在叫。

阿咚摸着肚皮说：“好饿啊……”

京京笑着说：“北京有许多传统美食，我带你去尝尝！”

艾美听到有吃的，赶紧跑过来说："我也去，我也去！"

于是，伴着温暖的阳光，三个小伙伴蹦蹦跳跳地出发啦！

豆汁儿

“豆汁儿可是北京风味的代表，今天我们先去喝豆汁儿。”京京说。

一碗豆汁儿端上来，艾美忍不住捂鼻子说：“哎呀，怎么有一股酸腐味？”

阿咚尝试了几口，笑着说：“豆汁儿酸酸的味道里，带有醇香和微甜，真独特！”

“咦？这是什么？”阿咚问。

“这是豆汁儿的好伴侣——焦圈。”京京回答。

色泽金黄的焦圈，就像一个个小手镯，吃起来焦香酥脆。在老北京人的眼里，一碗爽口的豆汁儿，搭配几个酥脆的焦圈和一小碟咸香的酱菜，真是美妙的享受！

十儿店

喝完豆汁儿，艾美笑着问：“我听说过这么一句话：‘不到长城非好汉，不吃烤鸭真遗憾。’京京，你能带我们去吃北京烤鸭吗？”

京京笑着说：“当然可以，北京烤鸭可是号称‘舌尖上的非遗’呢！”

来到烤鸭店，京京向小伙伴们讲道：“你们知道吗？据说北京烤鸭和南京有着千丝万缕的关系。”

"明成祖朱棣不仅把明朝的首都从南京迁到了北京，还把烤鸭技术也一起带了过来。烤鸭技术传到北京后，经过了几百年的发展革新，终于成了我们现在见到的样子。"

烤鸭师傅在现场片鸭肉，锋利的刀锋轻巧地划过烤鸭外皮，薄厚均匀的鸭皮和鸭肉就这么被片了下来，看得京京和小美一个劲儿地叫好！

阿咚顾不上说话，只知道埋头在一旁用荷叶饼卷起鸭肉，上面抹上甜面酱再放上几根葱条和黄瓜条，狼吞虎咽地吃了起来！

从烤鸭店出来，艾美嘟着嘴，抱怨道：“阿咚，烤鸭都被你吃完了，我还没吃饱呢！”

京京笑着说：“没事，我们可以再去吃铜锅涮肉。”

“铜锅涮肉的来历也有很多种说法呢，有人说铜锅的造型来源于元代蒙古兵打仗时候戴的帽子，也有人说涮羊肉其实是从清朝皇宫中流传出来的佳肴。众说纷纭，有趣极了！”京京说。

正说着，他们来到了热闹的涮肉店。

瞧，桌上放着一个高底座、圆肚子的铜锅，中间的“烟囱”里烧着炭火，汤底冒着泡泡。一片片的羊肉片，薄得像一张张卷起来的纸。

艾美夹起肉，在铜锅里涮熟，蘸上麻酱小料，送入口中。

吃完美味的涮羊肉，京京又带着艾美和阿咚品尝了老北京汤汁香醇、口感浓郁的“卤煮”和“炒肝”，真是太解馋了！

“嗝！京京，吃了半天都是肉，有没有点心或者小吃可以吃啊？”阿咚一边打着饱嗝一边问。

“当然有了！”京京说，“要说北京小吃，就不能不提牛街啦，那里可以找到很多北京小吃呢！”说着，京京就带着阿咚和小美一起，坐车前往牛街。

来到牛街，阿咚看到街道两旁都是售卖各种北京小吃的门店。阿咚趴在橱窗外，看着里面五颜六色的点心和小吃，馋得直流口水。

“艾窝窝”“驴打滚”“豌豆黄”“栗子糕”“杏仁豆腐”和“炒红果”，这些听都没听过的点心，勾出了小伙伴们的馋虫！

“别看这些小吃名字奇怪，它们可都是过去从皇宫里传出来的点心呢！”京京对小伙伴说。

小美托着一碗杏仁豆腐，说：“嫩白爽滑，还有甜甜的杏仁味儿！”

阿咚拿着豌豆黄，一口气吃了好几块，直呼：“入口即化，香甜爽口，真好吃！”

“圆滚滚的艾窝窝包裹着馅料，吃起来黏软又香甜！”京京端着一盒艾窝窝说。

结束了老北京美食之旅，三个小伙伴摸着圆滚滚的肚皮，满足地说：“老北京的美食，真是太棒了！”

图书在版编目（CIP）数据

老北京的传统美食 / 李硕编绘. -- 北京：应急管理出版社，2022

（北京那些事儿）

ISBN 978-7-5020-9062-3

Ⅰ. ①老… Ⅱ. ①李… Ⅲ. ①饮食—文化—北京—儿童读物 Ⅳ. ①TS971.202.1-49

中国版本图书馆 CIP 数据核字（2022）第 039097 号

老北京的传统美食（北京那些事儿）

编　　绘　李　硕
责任编辑　孙　婷
封面设计　太阳雨工作室

出版发行　应急管理出版社（北京市朝阳区芍药居 35 号　100029）
电　　话　010-84657898（总编室）　010-84657880（读者服务部）
网　　址　www.cciph.com.cn
印　　刷　天津联城印刷有限公司
经　　销　全国新华书店

开　　本　889mm×1194mm 1/16　**印张**　2　**字数**　20 千字
版　　次　2022 年 4 月第 1 版　2022 年 4 月第 1 次印刷
社内编号　20210954　　**定价**　39.80 元